战场中的物理学
PHYSICS GOES TO WAR

［英］蒂姆·里普利 著
夏凤金 译

科学普及出版社
·北京·

图书在版编目（CIP）数据

战场中的科学. 战场中的物理学 /（英）蒂姆·里普利著；夏凤金译 . -- 北京：科学普及出版社，2022.4

ISBN 978-7-110-10428-6

Ⅰ. ①战… Ⅱ. ①蒂… ②夏… Ⅲ. ①科学知识—普及读物 ②物理学—普及读物 Ⅳ. ① Z228 ② O4-49

中国版本图书馆 CIP 数据核字（2022）第 053858 号

© 2020 Brown Bear Books Ltd

BROWN BEAR BOOKS

STEM ON THE BATTLEFIELD/torpedoes, missiles, and cannons: physics goes to war
Devised and produced by Brown Bear Books Ltd,
Unit 3/R, Leroy House 436 Essex Road London,
N1 3QP, United Kingdom

Simplified Chinese Language rights thorough CA-LINK International LLC (www.ca-link.com)
北京市版权局著作权合同登记　图字：01-2021-7015

目录

战场中的物理学 4

弓箭与投石机 6

阿基米德"巨爪" 10

第一门大炮 12

枪与枪筒 14

第一枚火箭 16

穿甲弹 18

第一枚鱼雷 20

机枪 22

深水炸弹 26

火箭炮发射 28

导弹 30

激光 34

原子弹 36

核威慑 40

大事记 44

战场中的物理学

1878年1月，在黑海海面上，俄国有一艘快艇正飞速冲向奥斯曼土耳其帝国的"觉醒"号战舰，这是俄土战争中的惊险一幕。当时俄国为了攻占奥斯曼土耳其帝国治下的黑海附近的领土，遂联合盟友，向奥斯曼土耳其帝国发起了这场战争。虽然俄国的快艇速度很快，但土方"觉醒"号（Intibah）战舰上的大炮仍然可以轻而易举地摧毁它。所以，俄方快艇只有加足马力，尽快到达己方武器射程范围内，向其开火。

俄国士兵在快艇上用的武器叫"白头鱼雷"，这是一种利用压缩空气发射的鱼雷。被鱼雷在水下击中后，"觉醒"号战舰随即开始沉没。小快艇用鱼雷击沉大舰船，这在历史上还是第一次。

土耳其的蒸汽战舰"觉醒"号被鱼雷击沉，附近的小船是俄国的快艇（俄国画家列夫·拉戈里奥·康斯坦丁在1880年创作）。

科学家的技能

"白头鱼雷"是由英国工程师罗伯特·怀特海德发明的，他是一位训练有素的物理学家。所谓物理学，即研究各种物质和能量性质的科学。几个世纪以来，物理学对武器的设计产生了广泛的影响。物理学家们发明了新型的子弹和导弹，找到了将火药爆炸的力量运用到火箭炮等武器中的方法。他们研发了机关枪等新式武器，还将声、光、热的研究成果带到了战场上。

一个原子的能量

在20世纪早期，物理学家对原子的结构有了初步的了解。原子只是化学变化中的最小粒子，物理学家却用它制造出了巨大的爆炸。第一颗原子弹在1945年爆炸，改变了战争的形势，加速了第二次世界大战（1939—1945）的结束，也改变了人类历史的进程。

原子弹爆炸后，升腾起一个巨大的火球，爆炸产生的浓烟和碎片随着翻滚的蘑菇云直冲云霄。

弓箭与投石机

早在石器时代，人类就已经开始使用弓箭了。直到19世纪，在南北美洲、亚洲、非洲的一些地区还在使用这种原始的武器。

弓的制作非常简单，但作为武器却很有效。在一根弯曲的木头两端拴上一根弦，拉紧，就做成了一张简单的弓。弓的两端起杠杆的作用，射手的手相当于支点。射手往后拉动箭和弦，产生弹力，之后松手，箭就被射出去了。弓为箭提供了动能，所以箭又快又有力。到了中世纪，欧洲士兵开始披甲

在1346年的克雷西会战中，拿弓的英国射手对阵执弩的法国士兵。

作战，这时候的弓箭的钢制箭头甚至可以穿透坚固的金属盔甲。

战场上的弓箭

在古代，弓箭手组成军团，或徒步或骑马，射出成百上千支箭。满天的飞箭如雨点般落下，任何阵型都难以抵挡。在欧洲，到了15—16世纪，开始出现一种新型的弓箭——长弓。

科学档案

箭在空中的飞行

从很早的时候，人们就开始研究如何使射出去的箭沿直线飞行，最后想出了在箭的尾部粘上羽毛的办法。加上箭羽后，箭在飞行过程中会自行抖动，但所飞行的路线更直。这种研究物体在空气中飞行的学科叫空气动力学，也是物理学的一个分支。

尾部羽毛（箭羽）的作用是保持箭矢沿直线飞行

7

科学档案

石弩

和手持的弓弩一样，石弩也是靠弹力来发射。在操作过程中还用到了杠杆原理。士兵在后面将发射物压在前面的绳索上，创造一个弹力。之后松开抛物臂，在弹力的作用下，发射物被抛出去。石弩是一种攻城工具，可以利用它向敌人的城墙或者城里抛射石头或者火球。

这种长弓所用的箭约有 1.8 米长，跟原来那种普通的箭相比，它的威力更大。但是要想把它射出去，需要的技巧也更高超，因为箭很长，弓弦拉起来就很困难。一个娴熟的弓箭手能射中 200 米开外的目标。用长弓很容易射穿盔甲，对于马背上的骑兵是个很大的威胁。

将石弩的长臂往下压，在横梁上创造一个弹力，当这个弹力得到释放的时候，发射物就被发射出去了。

第一门大炮

15世纪，西班牙的穆斯林在欧洲首先使用了现代大炮。这种武器的出现，改变了战争的形式。

那时，来自北非的穆斯林——摩尔人正统治着葡萄牙和西班牙的南方。到了15世纪，西班牙人、葡萄牙人同摩尔人开战。在战争中，摩尔人用上了能发射金属炮弹的铸铁大炮，这种炮弹对西班牙和葡萄牙的城堡具有极强的摧毁作用。

1491年，在格拉纳达之围后，穆斯林向西班牙士兵投降。图中地面上平放的是大炮的炮筒。

独门武器

在这座港口城市中,阿基米德布置了各种独门武器。其中就包括利用聚集太阳光点燃敌舰的武器——"死亡之光"和城墙上带有巨爪的起重机。这些起重机可以将古罗马战舰抓起来再朝岩石砸去,将它们摔得粉碎。

阿基米德的这些武器成功将来袭的古罗马人击退,但古罗马人不甘心失败,开启了对锡拉库萨长达3年的围城。最终,在公元前211年,锡拉库萨陷落。

聪明的大脑

阿基米德(公元前287—前212年)是古代世界上著名的科学家之一。他发明了很多古希腊时期威力巨大的武器。他同时也是一位杰出的数学家,是早期试图利用数学方法推算出炮弹运动轨迹的科学家之一。

阿基米德制造的巨爪上有很大的钩子,可以将古罗马人的舰船抓住。然后用一系列的滑轮将船吊离水面。

阿基米德"巨爪"

阿基米德是一位生活在公元前 3 世纪的古希腊科学家。为了抵御古罗马人的入侵，他发明了很多新式武器。

阿基米德生活在古希腊的锡拉库萨，这是一座位于现意大利西西里岛上的城市。公元前 214 年，古罗马人派出 60 艘五列桨战舰入侵锡拉库萨。在这座由阿基米德设计的防御系统上，守城士兵用抛石机向敌舰抛射石块和火球，使古罗马人的舰队陷于一片"枪林弹雨"之中。

据记载，阿基米德利用光滑的铜镜聚光将敌人的木制舰船点燃。

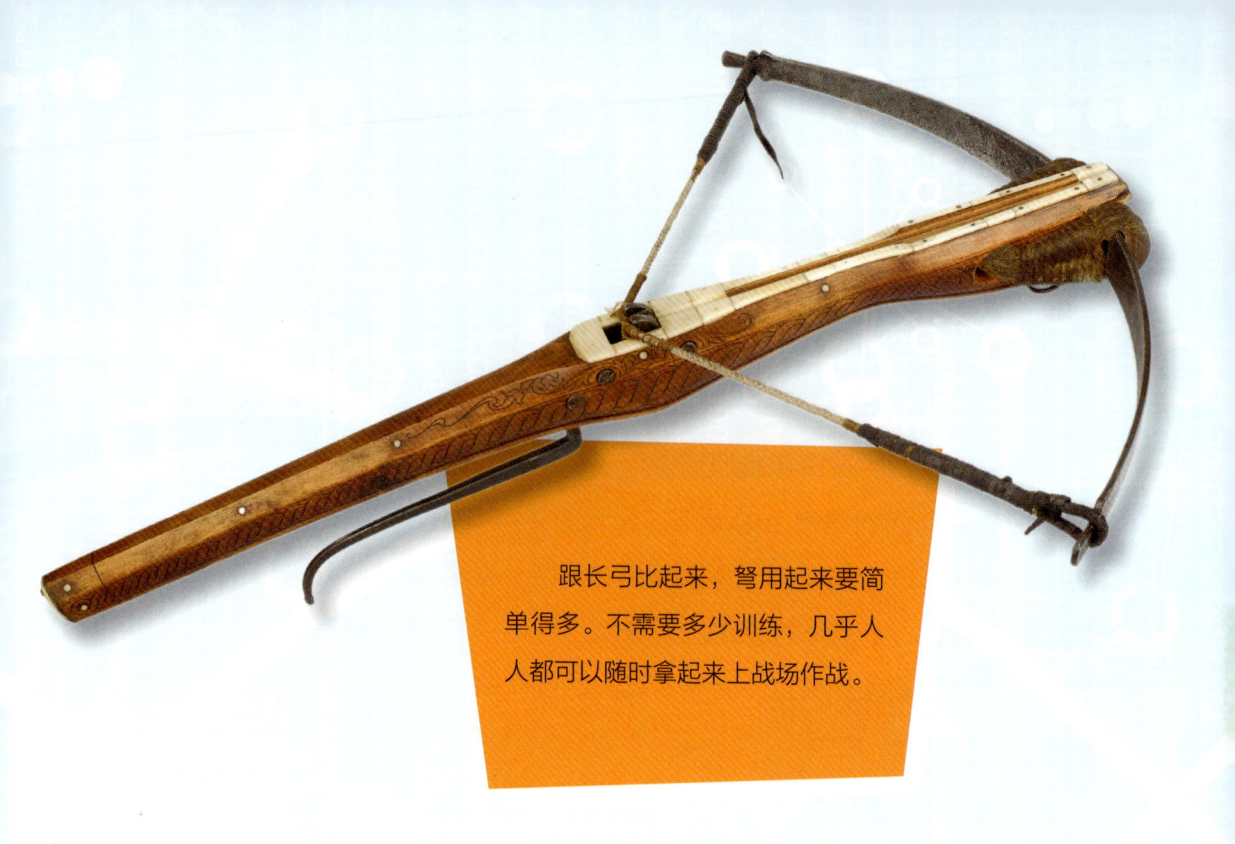

> 跟长弓比起来，弩用起来要简单得多。不需要多少训练，几乎人人都可以随时拿起来上战场作战。

弩

弓的另一种常见形式是十字弓（也就是弩），这是中国人在约公元前 700 年发明的一种兵器。弩中间是一根木质的弩臂，铁质的弩弓横于弩臂的前端。在弩中，有一套专门的机构（弩机）拉动弓弦，在弩弓上形成一个弹力。弓弩手扣动扳机即可将箭发射出去。弩用的箭一般是金属的，比较短，头部比较尖。

与长弓不同，士兵稍加训练就可使用弩。同时，弩也比较适合骑射。利用弩的这种特点，那些不谙骑射的士兵也能在大型战役中冲锋陷阵。不过，到 13 世纪，随着军团的崛起，骑兵的时代结束了。

1492年，西班牙人击败摩尔人，迫使他们离开西班牙。不久之后，欧洲全境开始使用火药武器。军械师们发明了射杀士兵的小型火药武器以及专门用来对付城堡的大型火炮。这些武器的出现，结束了石头城堡的时代。

更结实的炮筒

新技术的出现使火炮的大量制造变成可能。军械师们用改进的铸造技术（将金属液倒进模具里）制造金属部件。新的模具可以整体铸造炮筒，由于没有了接口，炮筒变得更结实。这样大炮就可以发射威力更加强大的炮弹而不至于将炮筒震裂。在此之后，大炮可以发射的炮弹越来越大。

科学档案

迫击炮与臼炮

在攻城战中，欧洲的军队有一种特殊的大炮——迫击炮。这种大炮可以将炮弹射得很高，炮弹飞越高高的城墙，打入敌军内部。另一种用于攻城的炮是臼炮。臼炮的口径比较大，它的主要攻击对象是城墙，臼炮发射的炮弹可以在石头城墙上炸出大洞。

迫击炮的炮筒很短，射角可以调整到很大，将炮弹射得很高。

枪与枪筒

15世纪在欧洲出现大炮以后，军械师们就开始研究一种更小的火器。这些小的火器——枪，可以由士兵单人携带使用。

13世纪，中国人发明了第一支火枪*。在14世纪的欧洲，军械师们将铁筒焊接在一起，制造手枪或步枪的枪管。士兵将火药填入枪管中，通过燧石引燃火药发射子弹。到了17世纪，开始用整块金属

士兵们手持火枪在战场上排成一列同时开火。这种战术策略给敌方士兵造成很大杀伤。

* 发明于宋代，比较简易，基本上是竹筒、火药加石子，在战场上实用性不强。

片卷制无缝枪管。

来复枪管

早期的步枪在远射程时准确度不高，到了 19 世纪准确度更高的来复枪获得了普遍应用。来复线也就是膛线，是指枪管内壁中的螺旋槽，这些槽可以使子弹在发射过程中产生自旋，旋转的子弹的运动轨道更加稳定。小型枪的准确度也日益提高。

聪明的大脑

奥古斯特·科特（生卒年代约在 16 世纪）是一位德国军械工人。一般认为，科特在 1520 年发明了第一支来复枪。关于这位生活在德国纽伦堡的军械工人，人们知之甚少。大概在他之前就曾经有人提出过来复枪的想法，只不过未能成功。科特找出了能实际应用的方法。

枪管中膛线的形状决定了子弹的转速，大部分的子弹在枪管中每行进 48 英寸（1 英寸约为 2.54 厘米）转一圈

第一枚火箭

火箭是一种内含火药可以喷火的瘦长形炮弹。火箭一般射程较远、高度较高。古代中国人发明了首枚火箭，类似今天的烟花。

最初的火箭比较难操控，用起来也比较危险。中国人用它来攻击敌方的城墙。后来，火箭技术传入了印度和奥斯曼土耳其帝国。

火箭技术传入欧洲后，当地的军械师研究出了让它威力更大、效率更高的方法。16世纪，意大利人称这种威力强劲的武器为"rocchetta"，意思是"缠线轴""纺锤"，这是因为它形似纺织机上缠纺线的纺锤。

15世纪出版的一本关于火箭的德语书。封面上是发射筒和飞行中的火箭

发射筒

在 17 世纪，炮兵发射火箭所用的炮筒是金属的。将炮筒口瞄准目标（比如城墙）后就可以发射了。使用了金属炮筒后，在发射时更安全了，火箭炮之间的距离也可以更近，在这之前都是分散排列的。这种新式武器比之前的火箭更精准，威力也更强劲。

聪明的大脑

威廉·康格里夫（1772—1828）是一位英国发明家。1805年，他设计了第一款铸铁火箭。这种火箭配有很长的平衡杆，这样它能飞得平直，更具威力。康格里夫的灵感来自他在印度的所见所闻。在拿破仑战争（1803—1815）中，英国士兵在海战和地面战争中都使用了康格里夫火箭。

威廉·康格里夫设计的火箭，平衡杆越长，所能携带的炸药就更多。

中国传统烟花中有一种"火箭"与之结构类似，也有一根平衡杆，点燃后喷火上天，在空中爆炸，声音很响亮。

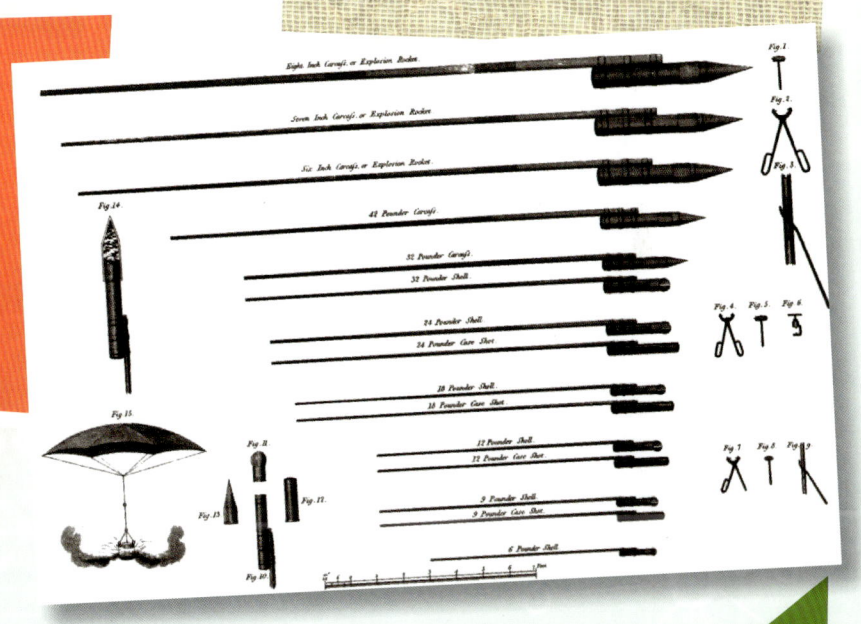

穿甲弹

19世纪中期，海军用铁甲来保护战舰。一般的炮弹不能刺破这层铁甲。由此催生了一种新式武器。

装甲舰的发展飞快。莫尼特战舰就是一种蒸汽铁甲舰，它的"铁甲"是倾斜的，炮弹在其表面会打滑。武器设计师们想出了各种办法来对付这种铁甲。比如用来复炮。炮筒中的来复线可以使炮弹高速旋转，当炮弹击中铁甲后，会钻出一个洞。那种细长、弹头很尖的炮弹可以击穿铁甲。

在第二次世界大战中，一辆苏联T-34坦克被穿甲弹击毁。

战胜坦克

第一辆坦克出现在第一次世界大战（1914—1918）期间。坦克的出现使穿甲弹的需求大增。到第二次世界大战时，重型坦克，如苏联的 T-34 坦克开始投入战场。这些坦克几乎可以承受任何炮弹的轰击。

科学家开始尝试用超硬材料，比如钨来制造穿甲弹。穿甲弹离开炮筒后，弹壳脱落，弹芯高速击中敌方坦克，利用钨的硬度击穿铁甲。到了 20 世纪晚期，穿甲弹的弹头开始使用贫铀。贫铀合金是很硬的材料之一，这使穿甲弹的威力大增。

威廉·帕利泽在 1867 年发明了帕利泽穿甲弹，弹壳采用铸铁制造，用来击穿敌舰的铁甲。

科学档案

帕利泽穿甲弹

爱尔兰发明家、政治家威廉·帕利泽（1830—1882）在 19 世纪设计了第一款海军用穿甲弹。弹壳采用铸铁制造，弹头很尖。1879 年，智利战舰第一个使用了帕利泽穿甲弹，击沉了一艘秘鲁铁甲舰。

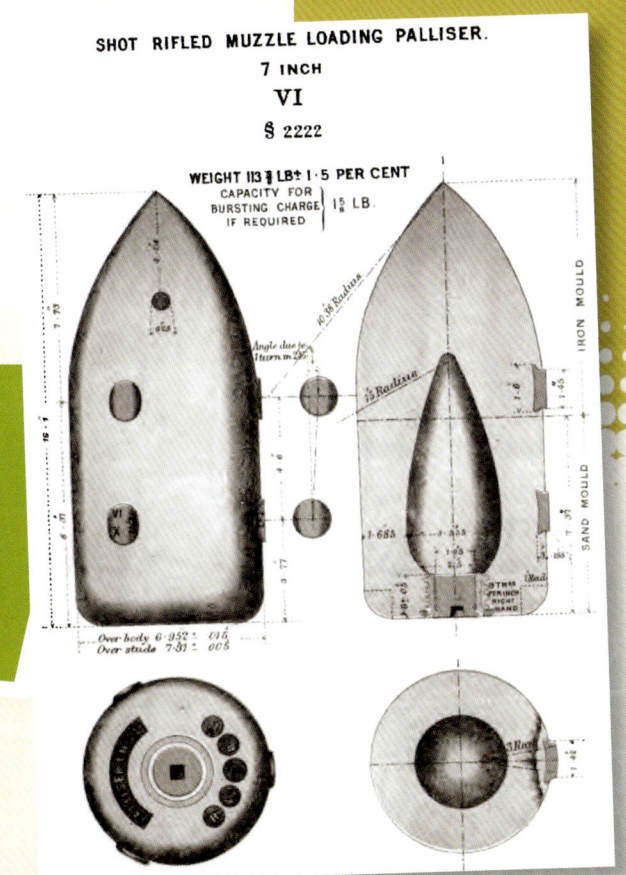

第一枚鱼雷

　　鱼雷是一种自带推进器的水下长距离导弹。一旦击中目标，鱼雷便会爆炸，在敌舰上击穿一个大洞，使其沉没。

　　在水面以下将敌舰击毁是海军的一个夙愿。在18—19世纪，舰船的射手使用小倾角向敌舰发射炮弹，炮弹在水面上"弹跳"穿行，在水线附近击中目标，使海水涌进敌舰。

水下导弹

　　到了19世纪中期，工程师利用压缩空气为动力在水下发射炮弹，炮弹头部填充炸药。这种炮弹后来就发展成了鱼雷。在鱼雷内部有一个空气压缩罐，压缩空气推动螺旋桨转动，驱动鱼雷在水

1888年，在造访奥地利的图中，一群阿根廷海员在"白头"鱼雷前合影。

这幅油画描绘的是，1914 年 9 月，英国军舰"开路者"号被德国潜艇发射的鱼雷击沉。

中穿行。鱼雷的发明改变了海战的局面。即使是小的快艇，只要是配备了鱼雷，也有可能击毁甚至击沉大型战舰。

鱼雷最大的影响还是在水面以下。潜水艇可以在敌人毫无察觉的情况下发射鱼雷。在"一战"期间，德国的U型潜水艇击沉了英国皇家海军的"开路者"号军舰，这是历史上军舰首次被潜水艇击沉。

聪明的大脑

罗伯特·怀海德（1823—1905），英国人，是现代鱼雷的发明者。然而鱼雷发明之初英国并不想要这种武器，因此怀海德于 1866 年向奥地利帝国海军展示了这种鱼雷。第一次测试并不是很成功，之后经怀海德不断研究，直至表现完美。多年来，人们将他发明的鱼雷称为"白头"鱼雷（来源于怀海德的英文名字 Whitehead，意思是"白头"）。

机枪

第一支"创意机枪"出现于 300 多年前，艺术家、发明家莱昂纳多·达·芬奇就产生了发明机枪的想法。在他的创意里，机枪有多个枪管。

机枪第一次出现在欧洲战场上是在 19 世纪中期。像比利时老式机枪等都有多个枪管，这些枪管分布在一个可转动的圆柱体的表面，枪手摇动手柄使圆柱体转动，就能通过每个枪管射出子弹。一个机枪手就能发射一排子弹。

1870 年，法国士兵正在使用老式机枪。这种机枪可以快速连续地发射子弹或是多弹齐发。

聪明的大脑

海勒姆·史蒂文斯·马克沁（1840—1916），出生在美国，后来移民英国，发明家。在马克沁身上体现了强烈的工业革命精神，他相信技术可以使人们生活的方方面面得到提升。除了设计了第一款现代机枪，他还发明了捕鼠器、蒸汽泵、电灯泡，建立了世界上第一座游乐场。到1914年第一次世界大战爆发的时候，马克沁机枪是每支军队的标配。

加特林机枪通过摇动后部的手柄发射子弹，每分钟可发射200枚子弹。大型的加特林机枪可架设在轮子上。

新的发明

1861年，美国发明家理查德·加特林发明了多管机枪。机枪像大炮那样架设在轮子上。枪手摇动曲柄转动枪管，同时机器自动装填弹药。

海勒姆·史蒂文斯·马克沁在1883年发明了第一支真正意义上的机枪——马克沁机枪。马克沁的这一发明得益于当时正在进行的第二次工业革命。在横跨18世纪到19世纪的工业革命中，技术的进步使新的机械层出不穷，制造技术的发展日新月异。

19世纪90年代，英国水兵正在演示使用马克沁机枪。机枪可自动弹出弹壳。

科学档案

射击速度

射击速度就是机枪发射子弹的速度，常常用每分钟多少转来表示。一些机枪有全自动模式，需要机枪手做的只是扣动一次扳机，只要一直按着扳机，机枪就可以一直射击。机枪的发射速度可达到每分钟几百转。

无烟火药

在20世纪早期，化学家为机枪发明了一种新型火药——无烟火药。将这种火药和子弹装在弹药筒里，用撞针击打弹药筒引发火药爆炸，空气膨胀就会将子弹射出。在机枪中有一套机构可利用爆炸的力量将撞针推动复位，以便下一次发射。与此同时，机枪将下一轮的子弹已经装弹待发了。机枪所用的子弹一般是用弹带串在一起的。

机枪改变战争

19世纪晚期，机枪改变了战争的形式。此时欧洲列强在非洲开启了殖民战争，仅需很少量的马克沁机枪就可以打退上千名执长矛、握弓弩的土著士兵。第一次世界大战期间，机枪主导了法国的西部前线。在这种战场上，步兵很难逼近有机枪防守的阵地。在此之前，大兵压境在战场上有很大的优势。然而面对机枪，成千上万的士兵倒下，人海战术已无用武之地。

第一次世界大战期间，美国步兵正在训练使用机枪。在士兵进攻敌方阵地时，机枪往往能造成很大的伤亡。

深水炸弹

第一次世界大战期间，潜水艇成为一种重要的武器。德国的 U 型潜艇曾经击沉了大量英国和美国的船只。科学家发明了很多种能摧毁潜水艇的武器。

第一种实用的反潜水艇武器出现在第一次世界大战期间的 1916 年。这种武器就是深水炸弹。这种炸弹是利用深水的压力引爆的，不过它的目标不是直接击中潜水艇，而是通过爆炸在水下制造一个非常强的冲击波。这种冲击波可炸开敌方的潜水艇。

科学档案

水压

深水炸弹依靠水压摧毁潜水艇。潜水艇一般游弋在很深的地方，周围的水压本来就很大。这时如果压力突增或者有冲击波袭来，潜艇外壳会产生扭曲。那么，接口处和螺栓会崩开，潜艇会有进水的风险。

第一次世界大战期间，工程师设计的发射器可将深水炸弹投至离发射船 41 米的地方。

第二次世界大战期间，美国水兵正用深水炸弹攻击德国的U型潜艇。

声呐显神威

在第一次世界大战期间，物理学家发明了声呐（用于声波导航与测距）以定位敌方的潜艇。首先声呐发出声波脉冲，遇到物体，如潜艇会反射回来声波。通过上述方法，声呐可以比较精确地定位潜艇。这样就能将深水炸弹投至离潜艇更近的地方。

确保深水炸弹击中目标的另一种方法是同时发射多颗深水炸弹。科学家发明了一种特殊的保险丝，使深水炸弹在特定的深度引爆。这样就增加了冲击波对潜艇的威力。

火箭炮发射

20世纪，物理学家设计了新型的发动机，使重型火箭炮的发射更容易，也更安全。

跟传统的加农炮等火炮比起来，火箭炮无疑更有优势。火箭炮更便宜，制造更简单，用起来也更容易，而且发射速度更高。一些火箭炮携带的弹头在目标上方的空中就能引爆，这就意味着它对精度的要求不高。火箭炮有独立的发动机和制导系统，因此在卡车车厢或者火车车厢的平面上就能发射火箭炮。多颗火箭炮可以同时发射。

这是第二次世界大战时期苏联的车载火箭发射系统，是火箭炮的经典版本，名为"斯大林的管风琴"。名字来源于当时苏联的领导人约瑟夫·斯大林。

现代火箭炮

现代火箭炮的发动机已不使用液体燃料，而改用固体燃料。在发动机的推动下，火箭弹可飞行数千千米。火箭弹飞行的轨道是个大圆弧，一旦达到一定的高度，发动机关闭，火箭弹在重力的作用下斜向下飞行击中目标。现代军队用 GPS（全球定位系统）制导火箭炮，在万里之遥可击中方寸之地。现代火箭炮与导弹之间的区别已变得模糊。

第二次世界大战中，美国步兵正在使用巴祖卡火箭筒发射火箭弹。利用这种火箭筒，一名士兵单枪匹马就可以击毁一辆坦克。

聪明的大脑

克拉伦斯·N.希克曼（1889—1981）是一位美国物理学家。1941年，他将小型的火箭发动机和烈性炸药反坦克弹头结合在一起，创造了巴祖卡火箭筒。这款火箭筒可由步兵携带，用来摧毁装甲坦克。士兵只需稍加训练就可使用。其他国家也发明了类似的武器，比如英国的步兵反坦克发射器 PIAT、德国的铁拳反坦克榴弹发射器 Panzerfaust、苏联的火箭助推反装甲高爆弹 RPG。

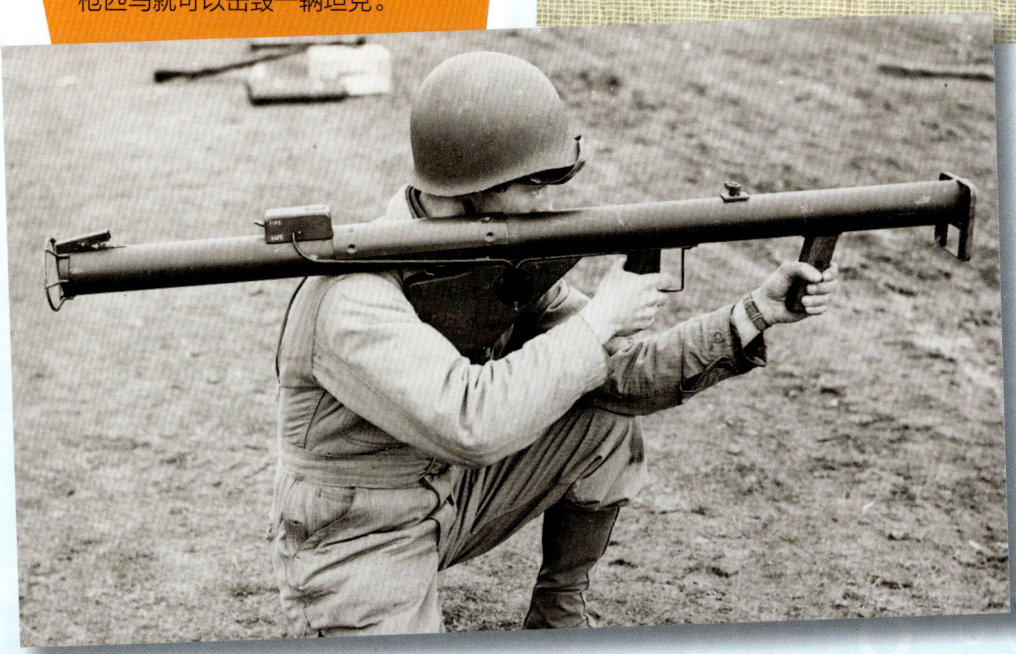

导弹

1942年，第二次世界大战开始向着纳粹德国不利的方向发展。此时的德国领导人阿道夫·希特勒命令德国的科学家研制新型武器。

德国的科学家设计了"复仇系列武器"，也就是后来广为人知的V系列武器。战后，很多参与V系列武器研发的科学家移民美国，他们利用在之前研究中获取的经验设计了一系列导弹和火箭。这些研究为人类开启了太空探索的大门。

保存在法国诺曼底的第二次世界大战时期的V-1导弹。

巡航导弹

第一种 V 系列武器 V-1 导弹采用当时最新的喷气式发动机，配备自动飞行控制系统。同时，这种武器像飞机一样，还有飞翼。每枚 V-1 导弹可携带 850 千克的弹头，射程达 250 千米，可在铁路车厢顶上发射。V-1 导弹在飞行到一定高度时，发动机关闭，然后在重力的作用下，垂直降落击中目标。

聪明的大脑

韦纳·冯·布劳恩（1912—1977）是一位德国物理学家，V 系列武器设计师。在第二次世界大战接近尾声的时候，他和他的团队向美国投降。美国要求布劳恩为美国工作。布劳恩参与制造了第一枚核武器，后来又参与研制"土星五号"火箭，正是这枚火箭在 1969 年将美国宇航员送上了月球。

V-1 系列导弹给伦敦及英国的其他城市造成了极大的损失。一旦导弹的发动机关闭，它会摧毁降落地点附近的任何目标。

31

V-1 导弹

V-1 导弹也被称为"飞行炸弹"或"飞虫"。1942年12月,在波罗的海上的德国佩内明德测试基地,V-1 导弹首飞。18个月后,V-1 导弹正式入列服役。第二次世界大战期间,德军共向英国、法国、比利时境内的目标发射了9521枚 V-1 导弹。V-1 导弹引领了现代巡航导弹的发展。

新式武器

阿道夫·希特勒对 V-1 导弹的表现十分满意,想增加对敌军目标的导弹袭击。他命令科学家设计威力更大的新型导弹。之后设计的 V-2 导弹是世界第

> V-2 导弹可袭击远距离目标,它的飞行高度可达88千米。

一枚弹道导弹。

V-2 导弹的射程达 320 千米，可在移动平台上发射。从 1944 年 9 月到 1945 年 3 月，德军向西欧境内的目标发射了 3172 枚 V-2 导弹。V-1 导弹的飞行速度低，可能会被敌方的反导弹系统击落，然而当时并没有针对速度更快的 V-2 导弹的反导系统。

科学档案

弹道导弹

V-2 导弹是第一种飞出地球大气层的武器，强劲的火箭发动机推着它抵达太空的边缘。当到达设定地点后，发动机关闭，导弹落回地球。在重力的作用下，导弹高速下落，在垂直尾翼的作用下，击中目标。

一枚 V-2 导弹在佩内明德发射升空。佩内明德位于波罗的海上的一座小岛上，这里是冯·布劳恩和他的团队测试 V 系列武器的基地。

激光

激光是波长范围很窄的光波。这种光波可以用来测距，也可以用来设计摧毁性武器。

LASER（激光）是"Light Amplification by Stimulated Emission of Radiation"（受激辐射的光放大）的缩写。激光的方向性很好，传输很远仍然能保持很好的精准性。激光技术的进步导致了很多"智能"武器的发展。这些武器靠的就是激光制导。

一位美国炮兵中士正用激光照射黑夜中的目标。夜间照相使用的正是夜视仪技术。

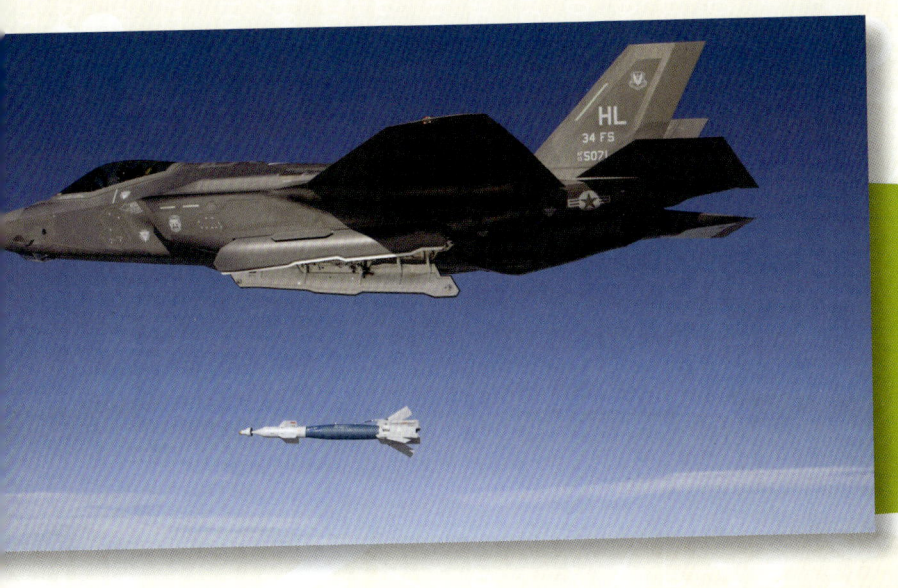

F-35"闪电"喷气机抛下一枚激光制导炸弹。炸弹沿着激光的指引飞向目标。

激光的出现使测距仪更加的精准。士兵们使用激光测位可以更精准地定位目标。携带了激光瞄准装置的导弹或火箭炮可以自动击中目标。

激光武器

一些国家正在测试定向能武器。这些武器利用激光产生大量的热，可以烧毁敌方导弹的制导系统，还可以加热并在空中引爆导弹。定向能武器可以在飞机、舰船、装甲车上发射。还有一些激光武器可以扰乱飞行员的视线，甚至致盲。

聪明的大脑

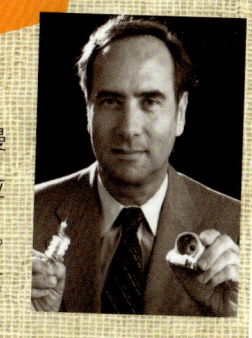

西奥多·H.梅曼（1927—2007）是一位美国工程师、物理学家。1960年，他发明了第一台现代激光器。当时他在霍华德·休斯的飞行器公司工作。梅曼对他的发明进行了专利注册，这意味着未经他的允许其他人不能制造激光器。在他的余生里，他一直致力于发展激光在新领域的应用，包括将激光应用在外科手术中，例如用激光治疗眼部疾病。

原子弹

原子是元素保持化学性质的最小粒子。在 20 世纪初期，科学家开始弄清楚了原子的结构，他们认为原子是由一些亚原子粒子组成。

科学家相信在原子中的更小粒子含有极大的能量。他们在想，是否能否将这些能量释放出来？如果能做到这一点，必将可以产生巨大的爆炸。

早期研究

德国的阿尔伯特·爱因斯坦、丹麦科学家尼尔·玻尔等科学家对原子展开了研究，他们对原子有了初步的认识。20 世纪 30 年代，阿道夫·希特勒成为德国的领导人，他的纳粹党开始迫害犹太人，很多

尽管阿尔伯特·爱因斯坦支持制造原子弹，但他之后表示，原子弹的破坏性太大了，不应该使用原子弹。

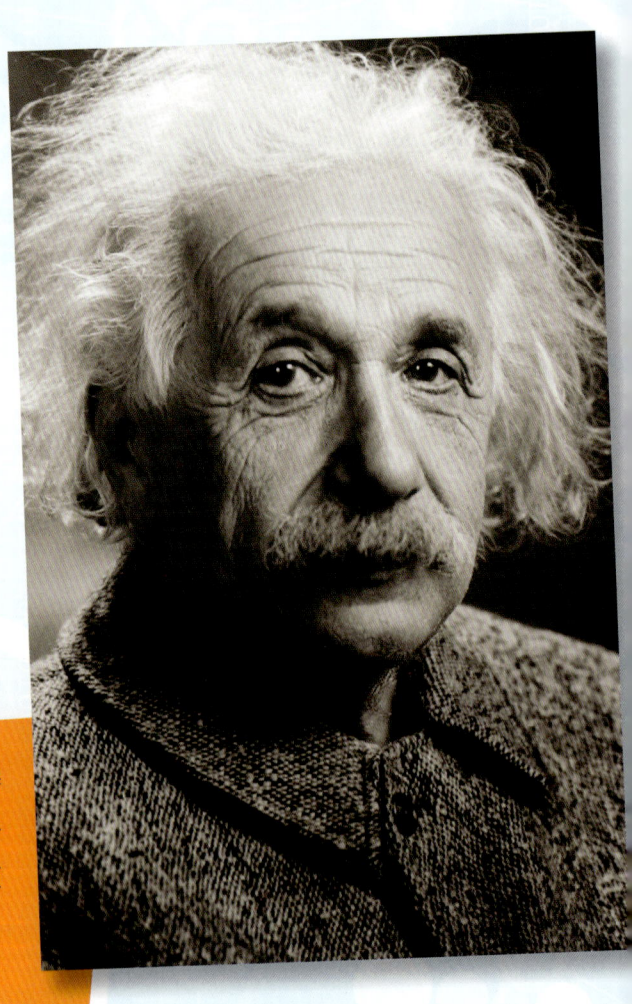

犹太人逃往美国，这其中就包括爱因斯坦和一些其他物理学家。

机密项目

1939年，第二次世界大战爆发。同盟国的政治家们担心德国科学家制造出来原子弹，这是一种极具毁灭性的武器，如果德国造出来，那么他们很可能会赢得战争。同盟国想抢先一步造出原子弹，由此，他们开启了制造原子弹的秘密项目，这个项目就是"曼哈顿工程"，集聚了来自美国、英国及其他同盟国的科学家。

聪明的大脑

罗伯特·奥本海默（1904—1967）是一位美国物理学家。他主导了原子弹设计制造项目。

奥本海默对这种新式武器的威力很是不安。1945年7月，在他观看第一枚原子弹引爆时，他引用了印度《摩诃婆罗多经》中的一句话"现在我成了死神，世界的毁灭者"。

在美国新墨西哥州，原子弹爆炸，升腾起巨大的火球。1945年7月16日三位一体核试验标志着战争进入了一个新时代。

链式反应

原子弹（氢弹）爆炸的原理是链式反应，包括两种机制。一种是使原子分裂，这一过程称为核裂变；另一种是使原子聚合，称为核聚变。"曼哈顿工程"中使用的是核裂变。

科学家计划用浓缩铀或者钚作为原子弹的燃料。这些元素被称为放射性元素，它们的原子容易分裂，只不过需要爆炸触发这个过程。一旦原子裂变，会导致更多的原子分裂，这种链式反应会产生巨大的爆炸。

科学家计算出了要创造一个链式反应需要的放射性材料的质量。自然界中不存在天然的浓缩钚和铀，必须从自然材料中人工提取。

科学档案

曼哈顿工程

第二次世界大战中盟军将制造原子弹列为最高机密项目，代号"曼哈顿工程"。有13万人参与了原子弹的设计及制造，他们分散工作在遍布美国的工厂和实验室中。"曼哈顿工程"是第二次世界大战中造价最为昂贵的武器项目。

1945年8月投掷在日本广岛的原子弹"小男孩"。这颗原子弹当时至少造成7万人死亡。

1945年8月9日在日本长崎市上空升腾的蘑菇云。这次爆炸至少炸死了39000人。

科学家要用的这些材料具有很强的辐射性，所以从事这项工作很危险。

第一颗原子弹爆炸测试地点在美国的新墨西哥州，时间是第二次世界大战将要结束的1945年7月16日。8月6日，一颗原子弹投向了日本，摧毁了广岛市。这是一颗铀弹。3天后，另一颗使用了钚的原子弹投向了长崎。在这两次轰炸中，至少有10万人死亡。

核威慑

1945年9月，第二次世界大战结束。此时，美国是世界上唯一掌握原子弹制造技术的国家。不过，4年后，在1949年8月29日，苏联物理学家就测试了他们自己研制的原子弹。

当时，美国和苏联作为这个世界上的两个超级大国展开了军备竞赛。

分别以苏联、美国为首的东西两个阵营的这种对峙竞争称为"冷战"（1947—1991），这两个超级大国之间并没有发生战争，但是他们都支持了其他地区的战争，对彼此也曾发出战争威胁。

苏联军队用卡车拖着核武器穿过莫斯科红场。这种游行意在展示苏联的军事实力。

这张照片中显示的是在核武器发射井中的美国洲际弹道导弹。

科学档案

核武器发射井

美国和苏联的科学家都设计了核武器发射井。这些发射井深埋于地下，里面放置带有核弹头的洲际弹道导弹。发射井由硬化混凝土密封，可以承受除直接打击之外的所有事故。即使受到攻击，工作人员也可以发射这些导弹进行反击。

相互制衡

当时两个超级大国都有大量核武器，但他们都不愿意使用这些核武器，因为他们知道，一旦使用，对方就会反击，这会导致两个国家的毁灭。这种考虑是基于"相互确保毁灭（mutually assured destruction）"的理论，这一理论简称 MAD。

美国受到袭击时，这些位于地下的设施会发挥作用，如操作台等可以确保操作员向来犯敌人发射导弹。

核武器军备竞赛

没有什么东西能抵抗核武器的袭击，所以双方都试图阻止这种攻击，也就是让对方知道，一旦发起核战争，自身也会遭到毁灭性打击。双方都发展了一系列核武器和发射核武器的方法，都有可以携带核武器的长射程导弹、军舰和潜水艇。不管是固定在地下的发射井还是移动的发射平台，都可以发射核武器。

不可能通过突袭摧毁所有这些核武器。一旦一方受到袭击，一定会用剩余的核武器反击。赢得核战争的胜算很小，所以不值得先挑起核战争。

20世纪80年代，美国科学家发起了"战略防御计划"。他们计划在卫星上安装激光器，利用激光击落射向美国的导弹。但是由于国际条约禁止将武器带入太空，所以美国科学家们不得不在地面上安装新型的防御武器。

战略防御计划设想在环地球运行的人造卫星上安装激光器。这一想法不会实现了，事实上，很多科学家认为即使实现了，也不会有什么用。

科学档案

星球大战

1983年美国总统罗纳德·里根发起了"战略防御计划"，也就是SDI或"星球大战"计划。设计者规划在卫星上安装激光器，利用激光在空中击落苏联的导弹。这一计划没有实行，但是却加速了苏联在1991年的解体，因为苏联的军费投入无法与美国匹敌。

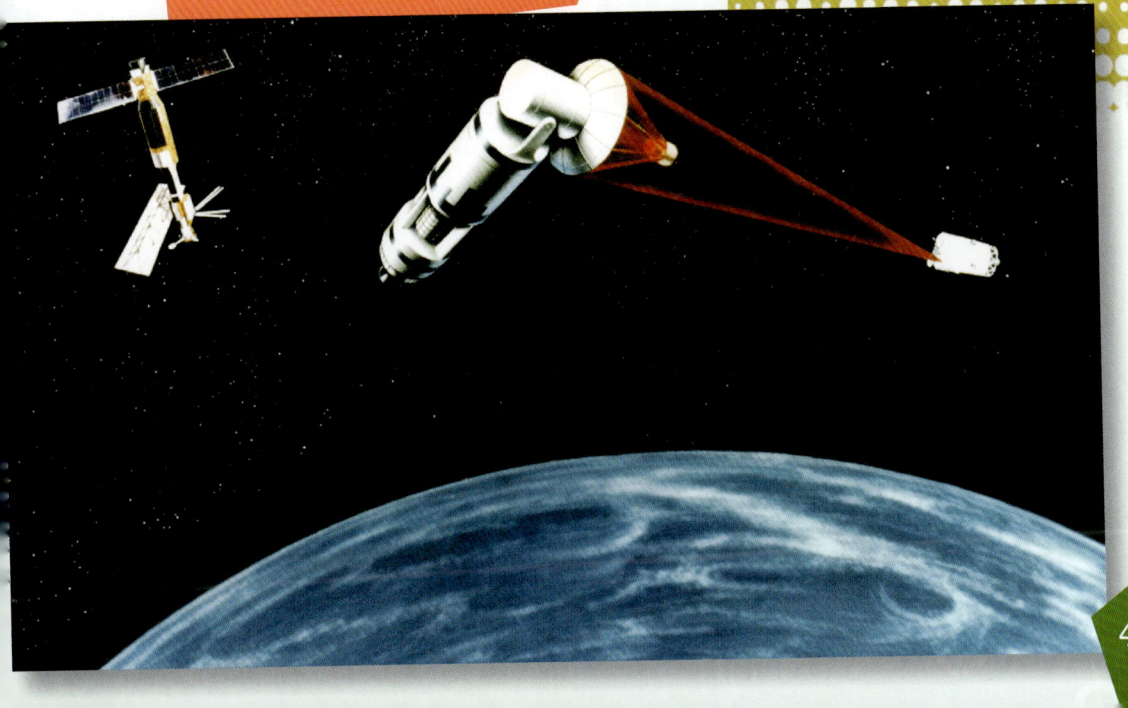

大事记

约公元前 700 年	中国人发明弩。
公元前 214 年	古希腊科学家阿基米德发明了多种武器回击罗马军舰,保护港口城市锡拉库萨。
约 1200 年	第一支枪出现在中国。
约 1200 年	第一支长弓出现在威尔士。这种弓比一般的弓更长、更有力。
约 1400 年	英国军队在与法国的作战中使用长弓。
1492 年	西班牙人击败统治西班牙南部的穆斯林,并将他们驱逐出西班牙。在这场斗争中,穆斯林将火炮带入欧洲。
约 1520 年	德国人奥古斯都·科特发明了来复线,也就是枪管里的膛线,从而使得射出的子弹自旋,飞得更平直。来复线在 19 世纪应用普遍。
1805 年	威廉·康格里夫基于印度武器发明康格里夫火箭炮。
1861 年	理查德·加特林发明早期机枪,称加特林枪。
1866 年	罗伯特·怀海德发明由压缩空气推动小型螺旋桨驱动的鱼雷。
1879 年	在智利与秘鲁的交战中,帕利泽穿甲弹第一次击沉铁甲舰。
1883 年	海勒姆·马克沁发明马克沁机枪。这种机枪每分钟可发射 550 转子弹,可自动弹出弹壳并装填子弹。
1916 年	英国物理学家发明深水炸弹,在第一次世界大战中对付德国的 U 型潜艇。
1941 年	克拉伦斯·希克曼发明巴祖卡火箭筒,可由单兵携带使用。
1942 年	德国开始使用 V-1 导弹袭击英国、法国、比利时境内目标。
1944 年	德国发射 V-2 导弹,长距离轰炸伦敦。
1945 年	7 月 16 日,第一枚原子弹在美国新墨西哥州试爆。8 月 6 日,美国向日本城市广岛投掷了一枚原子弹,开启了核武器时代。
1949 年	苏联研制出原子弹,与美国展开军备竞赛。
1960 年	美国工程师西奥多·H. 梅曼发明了第一台激光器。工程师利用激光制导导弹。
1983 年	美国宣布启动战略防御计划,计划将激光器安装在卫星上,但没有实施。
2008 年	一台机载激光武器首次在飞行的飞机上发射激光。